世界真奇妙：
送给孩子的手绘认知小百科

面条

蟋蟀童书 编著　　刘 晓 译

中国纺织出版社有限公司

图书在版编目（CIP）数据

世界真奇妙：送给孩子的手绘认知小百科. 面条 / 蟋蟀童书编著；刘晓译. -- 北京：中国纺织出版社有限公司，2021.12

ISBN 978-7-5180-6593-6

Ⅰ.①世… Ⅱ.①蟋… ②刘… Ⅲ.①科学知识－儿童读物②面食－饮食文化－世界－儿童读物 Ⅳ.①Z228.1②TS972.132-49

中国版本图书馆CIP数据核字（2019）第188612号

策划编辑：汤 浩　　责任编辑：房丽娜　　责任校对：高 涵
责任设计：晏子茹　　责任印制：储志伟

中国纺织出版社有限公司出版发行
地址：北京市朝阳区百子湾东里 A407 号楼　邮政编码：100124
销售电话：010—67004422　传真：010—87155801
http://www.c-textilep.com
中国纺织出版社天猫旗舰店
官方微博http://weibo.com/2119887771
北京佳诚信缘彩印有限公司印刷　各地新华书店经销
2021年12月第1版第1次印刷
开本：787×1092　1/16　印张：14.75
字数：250千字　定价：168.00元 / 套（全8册）

凡购本书，如有缺页、倒页、脱页，由本社图书营销中心调换

古老的美食

炸酱面、意大利面、拉面、通心粉……

小朋友，你最喜欢吃哪种面条呢？

面条是一种古老的美食，

距今已有四千多年的制作食用历史。

由于它制作简单，食用方便，

营养丰富，花样繁多，

深得全世界人们的喜爱。

但是不同的国家有不同的吃面礼仪，一定要注意哟！

鲸鱼为什么没有牙齿?

　　蓝鲸是世界上体型最大的生物,包括蓝鲸在内的一些海洋动物,竟然只能吃一些小鱼小虾。原来是因为它们没有牙齿! 它们长了一口又粗又硬的鲸须。进食的时候,鲸鱼会喝一大口水,然后用鲸须过滤食物。

　　科学家们还不清楚鲸须是怎么进化出来的,因为鲸鱼的祖先原本是长着锋利的牙齿。但科学家们从一具远古时期的鲸鱼化石里发现了一些线索。这头鲸鱼生活在 3000 万年前,它的臼齿顶部像锯齿一样,科学家推测这头鲸鱼利用牙齿的空隙过滤食物。这可能是鲸鱼进化的结果,它们最终进化成了没有牙齿的动物。

古代鲸鱼锯齿状的牙齿可能进化成了现代鲸鱼的鲸须。

牙齿? 谁需要牙齿呀!

这些鲸须可以捕捉微小的海洋生物作为食物。

周二将会降温，有六成的可能会下钻石雨！

天王星和海王星联合天气预报

天王星和海王星上可能会出现一种非常壮观的天气现象——"钻石雨"。天王星和海王星是两颗气态巨行星，由甲烷和氨气两种气体组成。甲烷由碳原子和氢原子组成。科学家们认为巨行星的重力能够把碳原子挤压成"钻石"。

科学家们已经通过实验证实了他们的猜想。他们用塑料代替甲烷，因为塑料也是由碳原子和氢原子组成的分子链。激光脉冲可以模拟巨行星的强大压力。果然，碳原子开始凝聚成"钻石"了。

下"钻石"啦！

在天王星和海王星上，这些"钻石"还会进一步凝聚，然后变得越来越大。很可惜，这些行星无法掉落到地球上。所以，我们没有地方可以欣赏到这些亮晶晶的"钻石雨"。

蚂蚁叠罗汉

火红蚁能用身体叠出很多神奇的形状。发洪水的时候，它们紧紧聚在一起，用身体组成一只救生筏。为了穿越峡谷，它们用身体搭起一座桥。它们还能靠着一堵墙或者一株植物，叠成右边那样的塔。

研究人员在实验室里观察了蚂蚁筑塔的整个过程。他们发现塔一直在动，新的蚂蚁爬到塔顶，底部的蚂蚁一个接一个地离开原位。塔的形状不变，如埃菲尔铁塔似的。塔上的每只蚂蚁都承受着相同的重量。

研究人员认为火红蚁并不知道自己建了什么。它们也没有什么建设计划。它们只是借助同伴的身体向上爬，直到找到一个稳定的位置。它们就这样自然地叠成了一座塔。

小蚂蚁向上爬——当你爬到天空的时候，你打算做什么呢？

内斯特码头

杰弗里·艾博勒　文

意大利面晚宴

门票：5 美元
主题：为女子篮球募款
时间：下午五点
地点：体育馆二楼
菜单：食物随意吃

简直不敢相信，菲尔居然让我们准备今晚所有的食物！

不就是意大利面吗，能有多难？

而且晚宴的主题很有意义。

对呀，这样我就不用再穿自制的球衣了。

别担心，我们可以用我奶奶菲洛米娜的秘密配方。

把意大利面煮到筋道，或者硬一些。

我认识筋道的兄弟，乔·筋道。

奶奶的秘密配方

把水沥干，然后将酱料淋在面上。

你的秘密配方就是这个酱料吗？

这是奶奶最爱吃的酱料！

酱料

面条 曲折的发展历史！

丹妮拉·韦伊 文 鲁伯特·凡·维克 绘

吸溜！又一根美味的面条被吸进了嘴里。

意大利的孩子们喜欢把意大利面吸溜到嘴里。在中国，吃面条的时候用筷子。在日本，吃荞麦面的时候要发出很大的声音。世界各地的人们几千年以前就开始食用面条了。但是你可曾想过一个问题：第一个吃面条的人是谁？

想要做面条，你只需要面粉和水。大约在 10000 年前，人们最早在中东地区开始种小麦、磨面粉。但是人们一直不知道以前的面条是什么样子的，直到最近才找到答案。

在芝士意面之前，人们吃什么呀？

芝士石头？总之就是不一样的东西吧。

东方的面条

2002 年，科学家在挖掘一座中国古城废墟的时候，挖到了一个倒扣着的陶瓷碗。他们把碗拿起来后，发现里面装着一份 4000 年前的面条！这份千年面条被完美地保存了下来。因为碗里没有一点空气，面条就不会腐烂变质。但很不幸，科学家们在处理这碗面条的时候，面条很快就碎了。但科学家们检测了"木乃伊"面条的成分，发现这种面条是用一种历史悠久的农作物——粟米做成的。

商人把小麦引进中国的时候，中国人已经在制作粟米面条了。很快，中国人也开始种植小麦。中国人很喜欢富有弹性的小麦面团，他们还给小麦做的食物专门起了个名字——面食。

中国人非常擅长把面团拉成长长的面条。做拉面，厨师先要用双手拿着面团的两端，用力一拉，然后折叠，再拉，不停地重复这几个动作。如今，一位优秀的厨师在几分钟内就能把一个面团拉成 3 米长的面条。

中国人还有一种做面的方式——把面团擀平然后切成丝。除了用小麦粉，他们还会把大米、绿豆或山药磨成粉，做成面条。对于中国人来说，干脆面是零食，炒面是小吃。

大利，意大利人也喜欢上了这种美味的面条。

不过，这个故事可能不是真的。它更有可能是1929美国出版的一本叫作《通心粉杂志》的书，为了在美国给意大利面打广告而编的故事。

不过马可·波罗确实去过中国。和其他旅行家一样，他记录了旅途中的所见所闻，其中包括许多关于美味的面条的记录。他写到这些面条让他想起了意大利烤千层饼的面皮。他还写到中国人用小麦做细面，而不是面包。细面是一种很细的意大利面。因为马可·波罗把中国面条和意大利面条做了比较，所以很明显，在他生活的年代，意

马可·波罗的故事

有这样一个广为流传的故事：大约1300年前，意大利旅行家马可·波罗把面条带回了意大利。传说马可·波罗在中国第一次吃到面条。他深深地爱上了面条的味道，所以他把面条的制作方法带回了意

大利人已经开始吃面条了。

食物之旅

那么，如果不是马可·波罗把面条带到了意大利，那会是谁呢？

走出亚洲，书中最早有关意大利面的记录来自中东地区。大约在1600年以前，一本犹太法律书中提到了一种叫作伊特里亚的干面，以及这种面条的食用方法。

在中东地区和亚洲中部，这种面条是一种很受欢迎的旅行食物。它很美味，带起来方便，不容易变质，而且人人都会做，非常适合作为长途旅行的食物。

一些历史学家认为，意大利面是从中东或中亚地区传到意大利的。是商人们把干面带到了意大利、非洲和亚洲。还有一些商人可能把小麦带到了中国，虽然当时的中国已经在用粟米做面条了。面条被传到哪里，哪里的人们就会喜欢上它。于是，一个意大利面时代开启啦！

西方的面条

不管意大利人是从哪里知道了做面条的方法，他们从1138年就开始吃意大利面了，远早于马可·波罗的年代。那一年，一位叫穆罕默德·伊德里西的阿拉伯制图师坐船到了意大利南部的西西里岛。他记录到，西西里岛居民会吃各种各样的干面条。他们还把意大利面运到邻国或更远的国家。

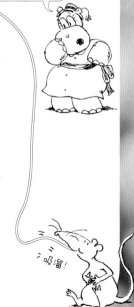

我发现长面条有一个问题……

其实，在西西里，人们还是沿用了那个长途旅行的干粮的名字——伊特里亚。

意大利人还发现了一种特别适合做意大利面的小麦——硬质小麦。硬质小麦的种子很硬，富含麸质，这是一种让面团弹性十足的蛋白质。磨坊主会把小麦磨成粗面粉，粗面粉摸起来不像粉末，而像沙子。

粒粒面　　　　　　　蝴蝶面　　　　　　　　　　　通心粉

　　贝壳面　　　　　　　　　　宽面条

　　　　　　　　螺旋面　　　　　　　　　　　　斜管面

面的种类太多了，没时间做了！

把新鲜面条放在适宜的环境（不要太热，也不要太干）中晾几天，做成干面，这样面条存放的时间就更久了。意大利南部的那不勒斯阳光充足，非常适合晒干面。所以很快，

那里便成了干面条的生产中心。晾通心粉的架子摆满了大街小巷。阳台上、栏杆上全都放满了面条。那不勒斯变成了意大利面的天堂。

童心未泯的意大利厨师们把意大利面做成各种各样的形状：细长面、短宽面、蝴蝶面、通心粉、螺旋面和贝壳面等。他们还把奶酪塞进意大利面里，放进烤箱烘焙。

但是，直到1800年，意大利人才开始用番茄酱搭配意大利面。番茄来自南美洲，马可·波罗那个时代的意大利人根本不知道番茄是什么。那时的意大利人用坚果、香草、黄油和奶酪与意大利面配着

《洋基歌》里的通心粉

你还记的《洋基歌》里的那句歌词吗？"他在帽子里插根羽毛，并把它叫作通心粉式假发。"这句歌词只是随便说说还是真的有什么特殊含义？

18世纪，富有的英国青年喜欢去意大利旅游，这在当时是一件很时髦的事。在意大利，他们很喜欢吃意大利面。那时，人们用"通心粉"代表一种面条。而在意大利之外的其他国家几乎吃不到意大利面。所以，吃通心粉变成了一种炫耀，可以证明你去过意大利。因此，通心粉就成为年轻人的俚语，也变成了年轻人盲目跟风的一种潮流。

**墨鱼汁
意大利面**

意大利人把意大利面做成各种形状，他们在意大利面中加入蔬菜汁或墨鱼汁，让意大利面变成不同的颜色。

吃。16世纪，探险家第一次把番茄带到了意大利，但很多人都不敢吃番茄——他们认为番茄可能有毒。因为番茄是一种有毒的茄属植物的远房亲戚，它们的叶子长相非常相似。所以过了好长时间，番茄酱才渐渐被人们接受。

那么，到底是谁发明了面条呢？我们可能永远找不到答案了，因为面条的历史就像一碗意大利面一样曲折。也许是中国人发明了面条，也许面条起源于中东，并传播到了其他国家。又或者，许多国家在不同的时期都发明了面条。反正没有人知道真相。但不管是谁发明的面条，我们都很感激！

什么是麸质？

安娜·拉夫 绘

小麦内部，麸质混乱地缠在一起。

揉好的面团中，麸质整齐排列成网状，以便锁住水分。

意大利面通常是用小麦粉做的，而小麦粉是被磨碎的小麦种子。小麦种子里的麸质由多种蛋白质混合而成，能促进幼苗成长。大麦和玉米等其他谷物里也含有麸质。正是因为有了麸质，意大利面和面包的面团才这么有弹性。厨师在揉（搅或拉）面团的时候，麸质会形成一张有弹性的网，锁住水分，让面团更有嚼劲。麸质含量越高，面团的弹性越大。最好的意大利面面粉里含有大量的麸质。

你在做什么呀？

书上面说要揉面！

怎么做意大利面？

麸质让面团富有弹性，能够被拉成长长的面条。

为什么有的人吃不了麸质？

麸质是小麦中的一种天然成分，一般来说是没有害处的。但有的人（可能每130个人里有1个人）有麸质过敏症。他们身体里和细菌作斗争的细胞会把麸质误认成危险的细菌。对麸质过敏的人不能吃麸质，如果吃了他会非常难受。还有的人不能很好地消化麸质，如果吃了，他会胃疼。虽然这些人不能吃麸质，但他们还是可以吃用粟米、大米、荞麦和藜麦做的面条，这些作物里是没有麸质的。

在日本，吃面的时候发出很大的声音是一种礼貌，这表示厨师做的面很好吃。

吸溜！

在中国吃面也是可以发出声音的。为了不把面汤溅出来，你可以用筷子把面条夹到勺子里吃。

意面波利教你优雅地吃面

特里·塞瑞尔 绘

在泰国吃面的时候，千万不要发出声音，不然人家会觉得你很没礼貌。吃汤面的时候，你可以用筷子，如果面装在盘子里，你就要用叉子或勺子。

嘘——不要出声！

不管在哪里，和别人一起吃面让你很容易交到新朋友。但是，你一定要注意自己的吃面礼仪！

在美国，吃面的时候发出声音也是很不礼貌的事情。

而且，不要把面条弹到别人身上，也不要把意大利面扔给小狗吃。最后，无论你在哪里，和别人说"谢谢，这太好吃了！"是非常礼貌的。

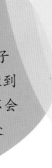

当时尚的意大利人用叉子吃意大利面的时候，他们会在盘子上或借助勺子转动叉子，把面条缠到叉子上，这样还不会把酱溅得到处都是。

每个国家都有自己独特的酱料和面条。你最喜欢哪种？

莉齐
来自美国

世界上最好吃的食物就是芝士通心粉！每一根小小的通心粉里都灌满了金黄香浓的芝士。我弟弟喜欢在通心粉里加豌豆，有些人的口味真是奇特。

保罗
来自意大利

意大利有很多美味的酱料，但我觉得用帕玛森奶酪做的意大利面是最好吃的。

佩德罗
来自秘鲁

没有什么比一碗热乎乎、香喷喷的炒面更好吃了。首先我们用大火炒面条（这是来自中国的移民教我们的），再把辣椒和番茄放进去一起炒。

阿拉卡
来自希腊

烤通心面是世界上最好吃的食物！它有点像意大利的千层面，但每一层不是宽面皮，而是通心粉。

亚斯明
来自摩洛哥

试试看用葡萄干和坚果配粗燕麦粉吃吧！粗燕麦粉虽然长得像大米，但它其实是小颗的意大利面粒。

的面条

阿曼达·谢泼德 绘

简
来自波兰

我最爱的甜点是风味布丁。面条上撒一些葡萄干和芝士，再放进烤箱烤就能做出一份甜甜的风味布丁。里面还有很多肉桂！

六月
来自中国

我们会在过生日的时候吃一碗长寿面，它意味着万事如意和长命百岁。所以吃面条时一定不能咬断面条，要把整根面条都吸进嘴里。

惠子
来自日本

我喜欢软软的、粗粗的乌冬面。我喜欢往乌冬面里加海藻和鱼饼。它们都被汤汁浸湿变得滑滑的，好吃又好玩。真香啊！

埃米尔
来自阿富汗

我最喜欢吃阿富汗烧卖，它和馄饨一样，面皮里面包了馅儿。我最喜欢吃香辣羊羔肉馅的。

塔恩
来自越南

我最爱吃越南河粉，它是一种汤面，里面加了肉、蔬菜和其他美味的菜。每位厨师都有自己的河粉秘方，我妈妈做的越南河粉是最好吃的，她会在河粉里面放姜和鸡丝。

艺术和食物

做面的新方法

仔细观察，这个头像是用不同种类的意大利面做的。它被摆在一家意大利面店的橱窗里。

马克·希克斯 绘

意面工厂游

如何才能做出非常多的通心粉?

1 意大利面的原料是杜兰小麦。杜兰小麦意思是"硬质小麦"。这种小麦有着硬硬的种子,非常适合用来做面条。这种小麦大多长在美国的中西部和加拿大。

2 小麦成熟后,农民们用大型收割机来割小麦。这种机器可以切断麦秆,并且把种子分离出来。

3 大卡车把小麦种子运到磨坊,把种子磨成面粉。在磨坊里,种子被清洗干净,除去外壳。然后用大型滚筒把种子碾得粉碎。意大利面工厂需要用粗面粉来做意大利面。和商店里的细面粉比起来,这种面粉摸起来更像沙子。

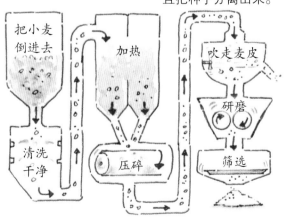

把小麦倒进去 　　加热 　　吹走麦皮

清洗干净 　　压碎 　　研磨 　　筛选

4 面粉罐车把面粉运到意大利面工厂。一根巨大的软管把面粉吸到工厂里面。经过检查和筛选，面粉被储存起来。一个大型意大利面工厂一天能用上好几个面粉罐的面粉。

7 为了做出面条的形状，一个大型的螺旋机器把面团推进带孔的金属盘中。金属盘孔的形状决定了制作出来的意大利面的形状。意大利面从孔里出来后，刀臂会一圈一圈地自动旋转，把挤出来的面条切成小段，一分钟内，它能切出几千段面条。

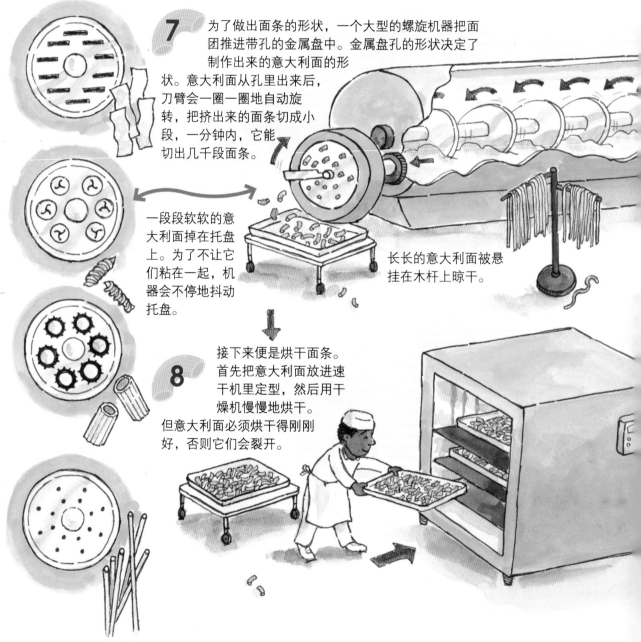

一段段软软的意大利面掉在托盘上。为了不让它们粘在一起，机器会不停地抖动托盘。

长长的意大利面被悬挂在木杆上晾干。

8 接下来便是烘干面条。首先把意大利面放进速干机里定型，然后用干燥机慢慢地烘干。但意大利面必须烘干得刚刚好，否则它们会裂开。

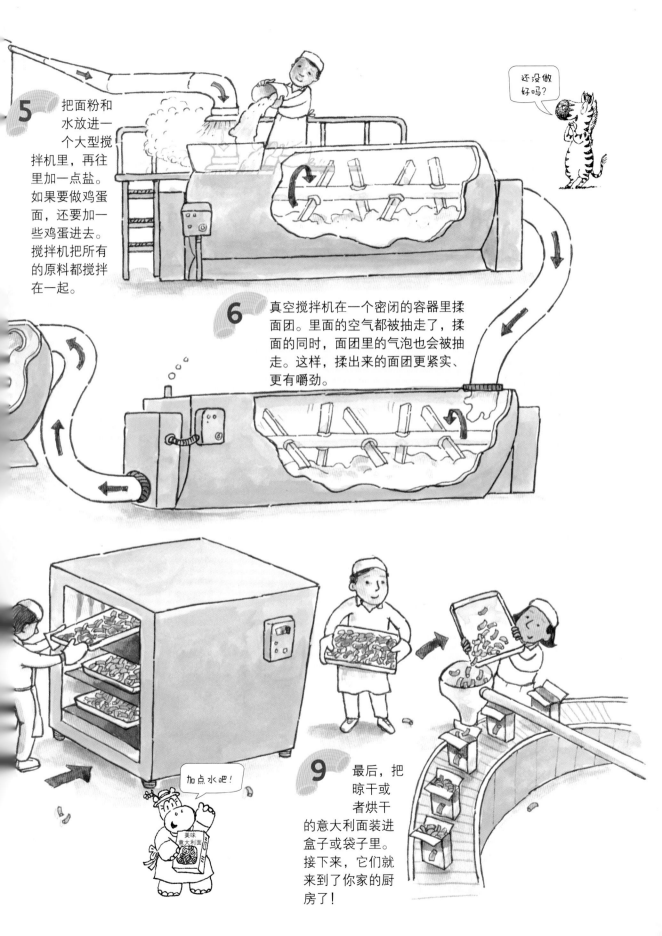

5 把面粉和水放进一个大型搅拌机里，再往里加一点盐。如果要做鸡蛋面，还要加一些鸡蛋进去。搅拌机把所有的原料都搅拌在一起。

6 真空搅拌机在一个密闭的容器里揉面团。里面的空气都被抽走了，揉面的同时，面团里的气泡也会被抽走。这样，揉出来的面团更紧实、更有嚼劲。

9 最后，把晾干或者烘干的意大利面装进盒子或袋子里。接下来，它们就来到了你家的厨房了！

还没做好吗？

加点水吧！

特雷斯·旺达·布林克 文　安娜·拉夫 绘

魔法拉面

1947年，在一个寒冷的日子里，一位日本发明家立志让全世界的人们都能吃上热腾腾的面条。他真的做到了！

或许你在超市里见过这种方方的、卷卷的干面条，或许你也吃过这种面。从北极到热带，几乎在所有的商店里都能找到这种方便面。这种面从哪里来？和其他面条相比，它有什么特别之处？

有时候，最棒的发明反而最简单！

不用等的面条

1947 年，日本正从第二次世界大战中重建，许多人都没有工作，食物也很匮乏。一天，大阪一位名叫安藤百福的银行经理路过一个拉面摊，面摊前排了好长的队，在寒风中，人们等着拉面出锅。

一大碗汤面里加上新鲜的鱼和蔬菜，便宜又美味。安藤总是会想起那些在寒风中等待，只为了吃上一碗热拉面的人们。10 年后，他失业了，这段记忆给他带来了灵感。安藤想要发明出一种不用让人排队等待的拉面。

安藤买了很多二手厨房用具，把自家后院的小屋改造成了工作室。他写了一张目标清单：面条要美味、便宜、煮得快，而且不用放进冰箱里保存。所以，这样的拉面必须是干的。这可不简单！

新鲜的拉面里加了碱水，这是一种和小苏打类似的盐。碱水可以让面条咬起来更有弹性。其他的面条里大多不会加碱水。这些面条烘干以后，如果放进锅里煮，就跟新鲜的面没什么两样。但如果把拉面烘干再煮，面条就会粘在一起，像一团橡胶。

一整年里，安藤几乎天天都在工作室里做实验，一次又一次地做出新的面条。他不断地调整配方，尝试不同的烘干方法，最后全都失败了。但他并没有放弃。

拉面的世界

有一天，安藤的妻子正在厨房做天妇罗，这道菜的做法是用面粉糊裹着蔬菜放进油锅里炸。安藤发现，热油会赶走面粉糊里的水分，所以天妇罗才有那么多气泡。那么油炸能帮他解决问题吗？

把热气腾腾的拉面放进高汤里，加几片鱼肉或猪肉，撒上新鲜蔬菜，最后放个流心的荷包蛋，这样一碗面让人垂涎三尺。

应该多建一些美食博物馆！

在日本池田市的方便面博物馆里，你可以看到安藤发明速食拉面的小屋。

如何制作方便面

1. 制作面条

2. 把面蒸熟

世上无难事，只怕有心人！

安藤试着炸了一些面条。热油的确把面条里的水分赶走了，这就等于"烘干"了面条。把油炸的面条放进锅里煮一煮，尝起来就像新鲜面条一样。安藤终于找到了答案！

油炸面条里还藏着另一个惊喜。因为面条里有很多小孔，所以只需要少量热水就能很快煮熟油炸拉面。

安藤在炸面条之前就给面条调好了味道，这样就不用准备一大锅肉汤来煮面了。只需要在热水里泡两分钟，香喷喷的拉面就做好啦！

1958年8月25日，安藤向日本的民众介绍自己发明的拉面。因为这种拉面只用一点热水就能很快做好，人们叫它"魔法拉面"。安藤的拉面非常受欢迎。一辆辆卡车在工厂外排起了长队，等着运送拉面。

方便面很快就传到了国外。一开始，调味料是直接洒在

有没有虫子味的泡面？

你最喜欢什么口味的拉面？

现在，方便面有1000多种口味。每个国家都有自己的特色口味。这里只列举一些口味——在方便面博物馆你可以了解到更多的口味。

芥末味（中国）　　　　西兰花味（德国）

培根味（英国）　　　　辣番茄味（新加坡）

番茄味（印度）　　　　红薯味（中国）

墨西哥鸡肉卷味（美国）　海藻味（韩国）

披萨味（巴基斯坦）

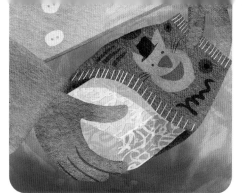

3. 用热油炸　　　　　　　　4. 沥干油，把面装好

面上的。后来，安藤发明了调料包，丰富了方便面的口味。

1966 年，安藤在美国的时候，看到工人们把方便面放进一个杯子里，然后往杯中加热水。最后他们用叉子吃泡好的面。安藤因此受到启发。经过 5 年的试验，安藤发明了杯面。

方便面甚至还去过太空！在安藤 91 岁的时候，成立了一个特别小组，专门研究"太空拉面"。研究人员把方便面压成一个个小球，搭配浓厚黏稠的汤汁。就算飘在太空中，汤汁也会紧紧裹住方便面。2005 年，日本航空航天局的宇航员野口聪一在"发现号"航天飞机上试吃了这种拉面。那时候，安藤已经 95 岁了。安藤百福在 2007 年去世，但他的公司和其他很多公司依然在不停地生产方便面。从安藤百福发明出第一包方便面起，方便面已经卖出了 1 千亿份，这可不是个小数目。

方便面里有很多油和盐，不如新鲜的面条健康，但它真的很方便！

煮一碗自己做的面

休·布兰查德 绘

你需要准备：

- 半杯面粉（中筋面粉或者高筋面粉，高筋面粉做出来的面更有嚼劲）
- 3 到 4 勺水
- 1/4 勺盐
- 搅拌碗、擀面杖、披萨刀或剪刀
- 一个成年人帮你切面和煮面

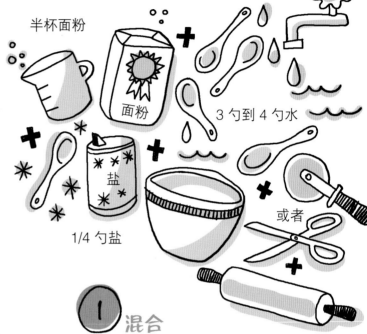

半杯面粉

面粉

3 勺到 4 勺水

盐

1/4 勺盐

或者

要再加点面粉吗?

要再加点水吗?

① 混合

把面粉、水和盐倒进一个碗里。先加入两勺水。如果面团有点干，那就再加点水。如果面团太黏，那就再加点面粉。如果面团不是特别粘手的话，就说明水和面粉的比例正合适。

② 揉面

在桌面上撒一些面粉，就可以开始揉面了。你需要不断地捶打、拉扯、折叠面团，直到面团变得光滑而富有弹性。揉好的面团就像嚼过的口香糖，用手指戳一下面团，它会反弹。揉面是比较费时间的。

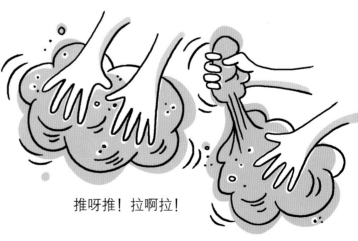

推呀推！拉啊拉！

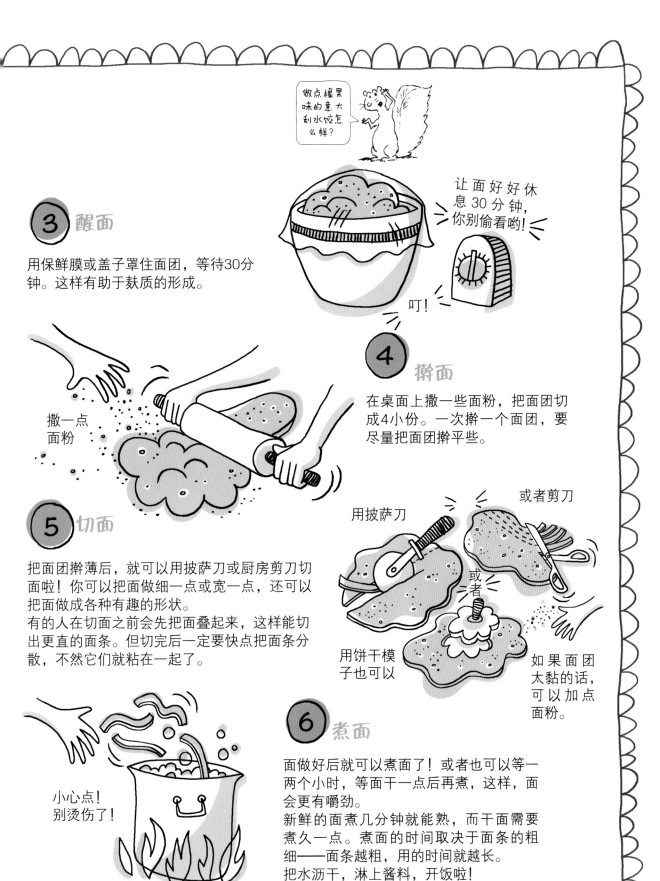

做点榛果味的意大利水饺怎么样？

让面好好休息30分钟，你别偷看哟！

叮！

3 醒面

用保鲜膜或盖子罩住面团，等待30分钟。这样有助于麸质的形成。

撒一点面粉

4 擀面

在桌面上撒一些面粉，把面团切成4小份。一次擀一个面团，要尽量把面团擀平些。

或者剪刀

用披萨刀

或者

用饼干模子也可以

如果面团太黏的话，可以加点面粉。

5 切面

把面团擀薄后，就可以用披萨刀或厨房剪刀切面啦！你可以把面做细一点或宽一点，还可以把面做成各种有趣的形状。

有的人在切面之前会先把面叠起来，这样能切出更直的面条。但切完后一定要快点把面条分散，不然它们就粘在一起了。

小心点！别烫伤了！

6 煮面

面做好后就可以煮面了！或者也可以等一两个小时，等面干一点后再煮，这样，面会更有嚼劲。

新鲜的面煮几分钟就能熟，而干面需要煮久一点。煮面的时间取决于面条的粗细——面条越粗，用的时间就越长。

把水沥干，淋上酱料，开饭啦！

一起来认识一下面条吧！

莎伦·梅 绘

斜管通心粉

粒粒面

细面

蝴蝶面

螺旋管意面

螺旋面

通心粉

意大利面是用同一种面团做的，但是有各种各
样的形状，它们都有各自的意大利语的名字。

海螺贝壳面

宽面

车轮面

意大利卷

猫耳朵

新郎面

通过面条认
识世界！

了解东方的面条

亚洲有几千种面条。有的面条是用小麦做的，有的是用大米、红薯或豆粉做的。我们来认识几种常见的面条吧。

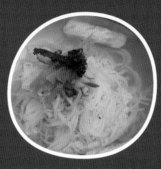

面线：一种又细又长的面。

乌冬面：用小麦粉做的一种又粗又很有嚼劲的面，一般被做成汤面。

粉丝：用红薯粉做的一种晶莹剔透的、滑溜溜的细面。

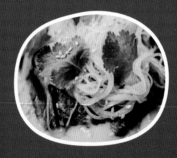

米粉：用大米做的一种面条，大小形状各异，有长有细，有短有宽。

冬粉：用绿豆粉或红薯粉做的一种晶莹剔透的细面。

日本拉面：用小麦面粉做的一种弹性十足的面条。把拉面盛到大碗里，加入高汤，配上新鲜的蔬菜和肉，一碗拉面就做好了！

荞麦面：用荞麦粉做的一种面。荞麦面经常被做成冷面，搭配味道十足的酱料。

中国拉面：纯手工拉面，不用擀面杖擀，而是用手拉成的。

吃了这些面，我就算环游世界啦！

吉米 & 虫虫
你问我答

艾伦·R.布拉夫 文　迪恩·斯坦顿 绘

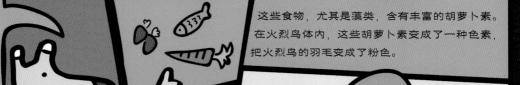

吉米，你好！7岁的皮特想知道火烈鸟吃蓝莓吗？火烈鸟会变成蓝色吗？

火烈鸟的确是因为食物才变成粉色的。在大自然里，火烈鸟以小鱼小虾、蛤蜊、昆虫和藻类为食。

在科学家发现这个秘密之前，动物管理员常常感到很疑惑：为什么火烈鸟住进动物园后就开始变成白色了呢？现在，他们给火烈鸟准备了富含胡萝卜素的食物：虾、磨碎的甜菜根、胡萝卜、谷物、鱼肉、虫子和维生素，以确保火烈鸟保持粉色。

这些食物，尤其是藻类，含有丰富的胡萝卜素。在火烈鸟体内，这些胡萝卜素变成了一种色素，把火烈鸟的羽毛变成了粉色。

？
哇！

除此之外，火烈鸟在照顾自己宝宝的时候也会褪色。为了让宝宝们吃饱饭，火烈鸟爸爸和火烈鸟妈妈一般吃得很少。所以他们羽毛里的色素就会变少，粉色慢慢变淡。

多吃点虾吧！

在大自然里，火烈鸟生活在温暖的浅水湖或泻湖边，离蓝莓的产地——沼泽森林还很远。凯文·麦格劳博士是研究鸟类羽毛颜色的专家，他推测如果火烈鸟吃了很多蓝莓，它们还是会变成粉色，而不是蓝色。因为花青素让蓝莓变蓝，而花青素在火烈鸟的肚子里会被消化成无色的化学物质。但蓝莓也含有少量的胡萝卜素，所以蓝莓可能还会让火烈鸟变成淡粉色。

有什么问题请随时找我们帮忙！

马尔文和他的朋友们

索尔·威克斯特龙　绘